DIE OSTAFRIKANISCHE SANDBOA

GONGYLOPHIS COLUBRINUS

Steven Arth & Sandra Baus

Weibchen der Ostafrikanischen Sandboa Foto:L. Barkam

Inhalt

Bildnachweis
Titel: Ostafrikanische Sandboa Foto: S. Arth
Kleines Bild: Kopfporträt Foto: S. Arth
Seite 1: Mit der gespaltenen Zunge nehmen die Sandboas Duftstoffe aus ihrer Umgebung wahr Foto: S. Arth

ISBN 978-3-86659-175-2

An der Kleimannbrücke 39/41
48157 Münster
www.ms-verlag.de

Geschäftsführung: Matthias Schmidt
Lektorat: Mike Zawadzki
Layout: Nadja Sommer
Druck: Druckhaus Fromm, Osnabrück

Vorwort

EINE ansprechende Färbung, überschaubare Ansprüche bei der Unterbringung und Pflege, eine geringe Endgröße, aber dennoch leicht zu ernähren und auch noch problemlos in der Vermehrung!

Diese Eigenschaften beschreiben vermutlich das ideale Terrarientier. All diese Attribute treffen auf die Ostafrikanische Sandboa so uneingeschränkt zu wie auf kaum eine andere Riesenschlange. Nicht ohne Grund ist *Gongylophis colubrinus* die in unseren Terrarien mit Abstand am weitesten verbreitete Art ihrer Gattung. Im Gegensatz zu vielen anderen ihrer

Manche Tiere sind bestechend schön gefärbt und gezeichnet Foto: S. Arth

beinlosen Verwandten benötigen Sandboas weder besonders große Terrarien noch stellen sie hohe Ansprüche an die Klimatisierung ihrer Behausung. So halten sich der Platzbedarf sowie der Aufwand an technischen Hilfsmitteln zur Beleuchtung und Beheizung in Grenzen.

All die genannten Vorzüge machen sie gerade für den Anfänger in der Schlangenhaltung interessant.

Mit dem vorliegenden Buch wollen wir Ihnen einen Leitfaden zur Haltung und Nachzucht der Ostafrikanischen Sandboa geben, mit dem es jedem möglich sein sollte, diese hübsche Art erfolgreich zu pflegen und zu vermehren

Steven Arth & Sandra Baus
Neunkirchen, im Sommer 2011

Beschreibung der Art

DIE im vorliegenden Buch behandelte Sandboa-Art wird unter Terrarianern oft als Ägyptische oder Kenianische Sandboa bezeichnet, wobei zwischen beiden Varianten anhand der Färbung differenziert wird. Im Allgemeinen geht man davon aus, dass unscheinbarere, eher gelblich gefärbte Tiere der ägyptischen Variante oder Unterart angehören, während Tiere aus Kenia oder Tansania eine eher orange bis rötliche Grundfarbe aufweisen. Dies stellt jedoch, wie im Kapitel „Verwandtschaft" näher erläutert, eine Fehleinschätzung dar. Da die Typuslokalität, also der Fundort des Tieres (Typusexemplar), anhand dessen LINNAEUS die Tiere 1758 als *Anguis colubrina* beschrieb, in Ägypten liegt, erscheint die Bezeichnung Ägyptische Sandboa angebracht. Die ersten im Tierhandel erhältlichen Exemplare stammten allerdings aus Kenia, weshalb sich schon bald der Begriff Kenianische Sandboa durchsetzte. Da diese Art allerdings in weiten Teilen Ostafrikas vorkommt und ihr Verbreitungsgebiet keineswegs auf die beiden vorgenannten Länder beschränkt ist, erscheint uns die ebenfalls gelegentlich verwendete Bezeichnung Ostafrikanische Sandboa treffender und wird daher im Folgenden ausschließlich als Trivialname verwendet. Im englischsprachigen Raum finden sich ebenfalls alle zuvor genannten Namensvarianten, also Egyptian, Kenyan und East African Sandboa. Im Arabischen wird sie Dasas sa idi genannt (BAHA EL DIN 2006). Der wissenschaftliche Artname leitet sich übrigens von dem männlichen lateinischen Adjektiv colubrinus ab, was in etwa so viel wie „schlangenartig" oder „die Eigenschaften einer Schlange aufweisend" bedeutet.

In der Nahaufnahme wirken die gekielten Schuppen am Schwanz wie eine Panzerung
Foto: S. Arth

Allen Sandboas gemein ist ihre geringe Körpergröße. *Gongylophis colubrinus* stellt hier keine Ausnahme dar, obwohl sie innerhalb ihrer Gattung die größte Art ist. Weibchen erreichen eine Gesamtlänge bis etwa 91 cm (SPAWLS et al. 2008; BARKER & BARKER 1996). FLOWER (1933) gibt für das größte in Ägypten gefundene Tier 77 cm an. Die deutlich größer und massiger werdenden Weibchen überragen die viel kleineren, in der Regel nur etwa 40 bis 50 cm langen Männchen deutlich. Im direkten Vergleich wirken sie dadurch geradezu riesig (eig. Beob.; JONES 2004). Die Tiere zeichnen sich durch einen stämmigen Habitus und einen sehr kurzen, aber spitz auslaufenden Schwanz aus. Trotz der insgesamt eher plumpen Erscheinung sind die Tiere mit ihrem stromlinienförmigen Habitus bestens an eine grabende bzw. wühlende Fortbewegung adaptiert und zeigen einige Anpassungen im Körperbau an diese Lebensweise. So liegen die kleinen Augen mit den senkrechten Pupillen und die Nasenlöcher sehr weit oben auf dem kaum vom Körper abgesetzten Kopf. Bei ansonsten vollständig eingegrabenen Tieren ragen dadurch nicht selten nur die Augen und Nasenspitze aus dem Substrat hervor.

Ein Pärchen im Größenvergleich. Links das deutlich größere und massigere Weibchen.
Foto: S. Arth

Der Kopf ist mit sehr kleinen Schuppen bedeckt, einzig das Rostrale (Schnauzenschild), ist stark vergrößert. Die Dorsalia (Rückenschuppen) sind im vorderen Körperbereich schwach und zum Körperende hin immer stärker gekielt. Das letzte Fünftel des Körpers und speziell der Schwanz wirken dadurch regelrecht gepanzert. Spawls et al. (2008) vermuten, dass dies entweder eine Hilfe bei der Fortbewegung darstellt oder der passiven Verteidigung dient. Da das Schwanzende oberflächlich betrachtet dem Kopfende sehr ähnlich sieht, halten wir Letzteres für wahrscheinlicher. Der verletzliche Kopf wird unter den Körperschlingen verborgen, während der getäuschte Beutegreifer den weit weniger empfindlichen Schwanz attackiert.

Die Tiere sind ausgesprochen interessant gefärbt. Abgesehen von der einfarbig rotbraun bis braun gefärbten „rufescens"-Variante (siehe „Verwandtschaft") weisen die Tiere immer eine Grundfarbe aus grauen oder gelblichen bis hin zu orangeroten Tönen auf, die nach Spawls et al. (2008) abhängig von der Farbe des Erdreichs im jeweiligen Lebensraum ist. Darauf finden sich unregelmäßig verteilt große dunkelbraune bis schwarze Fle-

Verwandtschaft

DIE Taxonomie, also der Zweig der Biologie, der sich mit den verwandtschaftlichen Beziehungen zwischen den einzelnen Arten und ihrer Einordnung in einem hierarchischen System befasst, befindet sich in einem ständigen Fluss. Unterschiedliche Methoden und Herangehensweisen führen oft zu verschiedenen Ergebnissen. Durch die neuen Möglichkeiten der DNS-Sequenzvergleiche werden die Ergebnisse früherer, hauptsächlich morphologisch orientierter (die äußere Gestalt vergleichende) Arbeiten manchmal infrage gestellt.

So ist auch die phylogenetische Stellung der Sandboas innerhalb der Familie der Riesenschlangen (Boidae) nicht hinreichend geklärt. Aktuell unterteilt man die Boidae in drei Unterfamilien, die Boinae (Echte Boas), die Ungaliophiinae (Bananenboas) und die Erycinae (Sandboas). Letztere beinhaltet je nach wissenschaftlichem Standpunkt die Gattungen *Calabaria*

Kopfporträt von *Gongylophis colubrinus*. Deutlich ist der stark vergrößerte Schnauzenschild (Rostrale) zu erkennen. Foto: S. Arth

cken, die zu regelrechten Bändern verschmelzen können. Im Gegensatz zur auffälligen Körperoberseite steht die immer einfarbig weiße bis cremefarbene, ungezeichnete Bauchseite.

(Erdpythons bzw. besser Erdboas), *Charina* (Gummiboas), *Lichanura* (Rosenboas) sowie *Eryx* und *Gongylophis* (Sandboas). An dieser Stelle wollen wir uns jedoch auf die Problematik der beiden letztgenannten Gattungen beschränken und folgen hier den Ergebnissen der umfangreichen Arbeiten von Tokar (1989, 1995 & 1996), auch wenn neuere Studien teilweise wieder zu anderen Ergebnissen kommen (Lanza & Nistri 2005; Noonan & Chippendale 2006) und auch andere Autoren der Argumentation Tokars im Hinblick auf die Validität der Gattung *Gongylophis* Wagler, 1830 nicht folgen (Baha El Din 2006; Spawls et al. 2008). Anhand von Unterschieden in der Schädelmorphologie revalidierte Tokar (1989) die Gattung *Gongylophis* und ordnete ihr die drei Arten *G. colubrinus* (Linnaeus, *1758*), *G. conicus* (Schneider, 1801) und *G. muelleri* (Boulenger, 1892) zu. Später synonymisierte er alle bis dato aner-

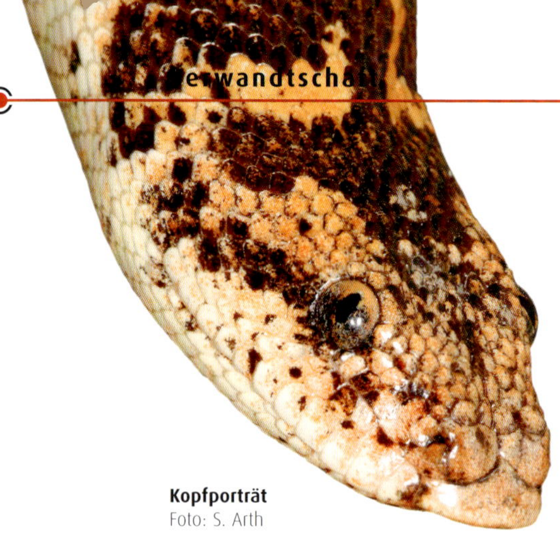

Kopfporträt
Foto: S. Arth

kannten Unterarten mit der jeweiligen, bis dato gültigen Nominatform: *G. colubrinus loveridgei* (STULL, 1932), *G. colubrinus rufescens* (AHL, 1933), *G. conicus brevis* DERANIYAGALA, 1951 und *G. muelleri subniger* ANGEL, 1938.

Für *Gongylophis colubrinus* wollen wir uns dies im Einzelnen näher betrachten. 1936 wurde von LOVERIDGE anhand der äußerst dürftigen ihm zur Verfügung stehenden Daten ein provisorischer Bestimmungsschlüssel zur Differenzierung der damals anerkannten Unterarten erstellt:

- Rücken gepunktet, 175 bis 197 Bauchschuppen (durchschnittlich 186,3) = *colubrinus*
- Rücken gepunktet, 162 bis 182 Bauchschuppen (durchschnittlich 170,8) = *loveridgei*
- Rücken einfarbig rotbraun, 181 bis 194 Bauchschuppen (durchschnittlich 187) = *rufescens*

Dabei standen ihm insgesamt jedoch nur 60, von der „rufescens"-Variante sogar nur zwei Exemplare zur Verfügung. Auch als Laie lässt sich unschwer erkennen, dass die Pholidosewerte (Beschuppungsmerkmale) stark überlappen und folglich keine eindeutige Unterscheidung ermöglichen.

Auch die unter Terrarianern weit verbreitete Ansicht, die Nominatform unterscheide sich von der „loveridgei"-Variante durch eine eher gelbliche im Vergleich zu einer stärker orangefarbenen Grundfarbe, stimmt nicht. Sehr eindrucksvoll belegt das beispielsweise eine Aufnahme bei WALLS (1989), die drei in Tansania

WUSSTEN SIE SCHON?

Zur Unterscheidung von Arten und Unterarten wird bei Reptilien sehr häufig die Anzahl und Anordnung der Schuppen verwendet. In der Herpetologie spricht man hierbei von der Pholidose (griechisch „pholidotos" = geschuppt). Bei Schlangen werden am häufigsten die Kopfbeschuppung wie z. B. die Anzahl der Oberlippenschilde sowie die Anzahl der Bauchschuppen und Rückenschuppenreihen zur Differenzierung miteinander verglichen.

gesammelte, aber völlig unterschiedlich aussehende *G. colubrinus* zeigt. Auch das deckt sich wiederum mit den Ergebnissen Tokars (1996), der lediglich noch zwischen den folgenden drei Färbungsvarianten unterscheidet:

Standard:

Hier finden sich große, runde oder ovale dunkelbraune Flecken auf einer gelblichen Grundfarbe.

Intermediär:

Diese besteht ebenfalls aus großen, runden oder ovalen Flecken, die jedoch häufig miteinander verbunden sind und so den Eindruck gelblicher Linien auf einem dunklen Hintergrund erwecken.

Rufescens:

Der Rücken und die Körperseiten erscheinen einfarbig dunkelrot oder dunkelbraun. Lediglich die unterste seitliche Schuppenreihe und die Bauchschuppen sind gelblich gefärbt.

Bei einer Analyse der Färbungsvarianten von 178 Exemplaren aus dem gesamten Verbreitungsgebiet konnte er feststellen, dass 9,26 % der Tiere dem intermediären Typ angehörten und 7,5 % dem „rufescens"-Typ. Exemplare der letztgenannten Variante waren dabei im gesamten Untersuchungsgebiet zu finden. Die Ergebnisse dieser und anderer umfangreicher morphologischer Vergleiche lassen zwar eine gewisse räumliche Varianz erkennen, eine Aufspaltung in drei Unterarten erscheint jedoch unangebracht.

WUSSTEN SIE SCHON?

Im wissenschaftlichen und amateurherpetologischen Sprachgebrauch ist oft von der Nominatform die Rede. Damit wird diejenige Unterart bezeichnet, anhand derer die Art erstmalig beschrieben wurde. Werden später neue Unterarten beschrieben, lautet die Unterartbezeichnung für die erstbeschriebene Variante gleich dem Artnamen. Wären die einst differenzierten Unterarten bei der Ostafrikanischen Sandboa noch immer anerkannt, würde die Subspecies *Gongylophis colubrinus colubrinus* als Nominatform bezeichnet werden.

Im Zusammenhang mit Farbzuchten und -varianten wird der Begriff jedoch leider immer häufiger als Bezeichnung für Tiere des wildfarbigen Typs verwendet. Obwohl diese Definition, wie oben erläutert, jeglicher Grundlage entbehrt, hat sie sich unverständlicherweise fälschlich bei vielen Reptilienhaltern durchgesetzt.

Verbreitung und Lebensweise

GONGYLOPHIS *colubrinus* ist über weite Teile Ostafrikas verbreitet. Ihr Lebensraum erstreckt sich von Nord nach Süd von Ägypten über den Sudan, Eritrea, Dschibuti, Somalia, Kenia bis ins nördliche Tansania und von Ost nach West von Somalia über Tschad bis nach Niger (Lanza & Nistri 2005; Sorensen 1987; Spawls et al. 2006; Tokar 1996). Tokar (1995) bezweifelt jedoch eine westliche Ausdehnung bis in den Niger, da ihm keine Exemplare aus dieser Region bekannt sind.

Scortecci (1932) erwähnt den Fund eines Exemplars im Jemen im Südwesten der Arabischen Halbinsel. Ob es sich dabei allerdings um eine Fehlbestimmung oder um eine Reliktpopulation handelt, ist nicht bekannt.

Es werden recht unterschiedliche Habitate besiedelt. Spawls et al. (2008) geben für Kenia und Tansania Wüsten, Halbwüsten und trockene Savannen vom Meeresspiegel bis 1.500 m ü. NN an. Baha El Din (2006) erwähnt darüber hinaus auch die Randbereiche landwirtschaftlich genutzter Flä-

Verbreitung von *Gongylophis colubrinus*. Verändert nach Tokar (1996).

Lebensraum von *Gongylophis colubrinus*
Foto: M. Dobiey

chen sowie das Schwemmland des Nils. Über die Lebensweise liegen bislang leider nur spärliche Informationen vor. Nach SPAWLS et al. (2008) lebt die nachtaktive Art verborgen in Höhlen, unter Steinen und Holz oder eingegraben im losen Sand. In Gebieten mit festem, nicht grabfähigem Erdreich weicht sie auf sandige ausgetrocknete Flussbetten aus.

Auch über das natürliche Futterspektrum ist nur wenig bekannt. Während TOKAR (1995) recht allgemein von Reptilien, Kleinsäugern und Vögeln als Beutetiere spricht, erwähnt GASPARETTI (1988) Echsen, insbesondere kleine Geckos der Gattung *Stenodactylus* als Hauptnahrung.

Als typische „Sit and Wait"-Strategen verfolgen Sandboas eine eher passive Jagdstrategie. Verborgen im losen Erdreich oder versteckt unter Steinen oder Holz lauern sie ihrer Beute auf. Bei im Sand vergrabenen Sandboas ragen oft nur die Augen und Schnauzenspitze aus dem Erdreich hervor. Auch wenn es auf den ersten Blick nicht so scheint, handelt es sich um präzise Jäger, die ihre Beute mit bemerkenswerter Geschwindigkeit, Zielsicherheit und Kraft packen und durch Umschlingen erdrosseln.

Meist ragen nur Nasenlöcher und Augen über die Sandoberfläche. So getarnt lauert die Sandboa auf Beute. Foto: S. Arth

Aufgrund ihrer geringen Größe hat die Ostafrikanische Sandboa eine Reihe natürlicher Feinde wie Warane, Füchse, Wildkatzen und ähnliche Raubtiere (GASPARETTI 1988).

WUSSTEN SIE SCHON?

Unter „Sit and Wait"-Strategen, im Deutschen auch als Ansitz- oder Lauerjäger bezeichnet, versteht man Tiere, die ruhig, an einer Stelle verharrend, ihrer Beute auflauern. Oft verfügen die Beutegreifer über eine Tarnfärbung oder nutzen Verstecke als Hinterhalt. Ein Hauptvorteil dieser Strategie liegt darin, dass nur wenig Energie für die Jagd aufgewendet werden muss. Dies ist natürlich auch notwendig, da der Beutegreifer ja darauf warten muss, dass die potenziellen Opfer in Reichweite kommen, und so unter Umständen längere Fastenzeiten zu überdauern hat.

Farbvarianten

NEBEN der bereits oben erwähnten natürlichen Variabilität in der Färbung werden speziell in den USA, zunehmend aber auch hierzulande, gezielt Farbformen gezüchtet. Meist stellen aberrant gefärbte Wildfänge oder plötzlich auftretende Fehlfärbungen, wie Amelanismus, die Ausgangsbasis für die planmäßige Weiter- und Reinzucht dieser Varianten dar. Es bleibt jedem selbst überlassen, sich ein Urteil über solche sogenannten Designerboas zu bilden. Unbestritten sind einige Farbschläge ausgesprochen hübsch und für in menschlicher Obhut lebende Tiere spielt die äußere Erscheinung letztlich vermutlich keine Rolle. Man sollte sich aber darüber im Klaren sein, dass Farbmorphen das Ergebnis gezielter Inzucht sind, denn nur so lassen sich die gewünschten Merkmale genetisch verfestigen.

Aber auch angeblich natürlich vorkommende außergewöhnlich gefärbte Tiere können als Farbvari-

Zwei gegensätzliche Farbmutationen im Vergleich: Amelanismus und Anerythrismus Foto: S. Arth

anten bezeichnet werden. Ein Beispiel hierfür wäre die sogenannte „Dodoma"- oder, marketingstrategisch geschickter, „Flame Race"-Variante, die angeblich aus einem kleinen Verbreitungsgebiet in der Region Dodoma in Tansania stammt. Die Tiere sind etwas größer als der Durchschnitt und zeigen eine sehr ansprechende orangerote Färbung (BARKER & BARKER 2009).

Eine detaillierte Darstellung der einzelnen Varianten mit ihren spezifischen genetischen Besonderheiten würde allerdings den Rahmen dieses Buches sprengen, weshalb an dieser Stelle darauf verzichtet werden soll. Einen sehr schönen Überblick über den aktuellen Stand geben David und Tracy BARKER auf ihrer Homepage www.vpi.com. Ein tiefer gehender, aber dennoch leicht verständlicher Einblick in die Thematik der Vererbungslehre im Hinblick auf Farbzüchtungen findet sich bei HALLMEN (2005).

Gesetzliche Bestimmungen

DIE Ostafrikanische Sandboa unterliegt, wie alle Boas und Pythons, dem Washingtoner Artenschutzabkommen (WA) und wird dort in Liste II geführt. In der EU-Artenschutzverordnung findet sie sich im Anhang B. Daher müssen der Erwerb der Tiere sowie jede Bestandsveränderung durch Nachzucht, Tod oder Verkauf der zuständigen Behörde gemeldet werden. Beim Kauf von Tieren sollte man deshalb unbedingt darauf achten, vom Verkäufer eine sogenannte Nachzucht- bzw. Herkunftsbescheinigung zu erhalten. Diese sollte zumindest die deutsche und wissenschaftliche Bezeichnung sowie das Geburtsdatum und das Geschlecht (soweit bekannt) der Tiere enthalten. Ebenso müssen Name und Anschrift des Züchters bzw. Verkäufers aufgeführt werden. Darüber hinaus können auch eventuell Zuchtbuchnummern oder Angaben zu den Elterntieren vorhanden sein. Am besten informiert man

Überlegungen vor der Anschaffung

GRUNDsätzlich muss man sich vor der Anschaffung eines Tieres darüber Gedanken machen, ob man in der Lage ist, alle notwendigen Voraussetzungen zu erfüllen, die eine artgerechte Haltung ermöglichen. Hierzu zählen neben der Schaffung eines adäquaten künstlichen Lebensraumes natürlich auch die Berücksichtigung des finanziellen und des zeitlichen Aufwandes.

Glücklicherweise halten sich sowohl der Anschaffungspreis der Tiere und ihrer Behausung als auch die laufenden Unterhaltskosten für Futter und Strom bei Sandboas in Grenzen. Die normalerweise eher einfach gestalteten Terrarien erfordern in der Regel ebenfalls wenig Pflege. Mitbewohner oder Familienangehörige sollten sich aber mit dem Gedanken der Schlangenhaltung anfreunden können. Auch die Ernährung der Tiere gilt es zu bedenken. Überlegen Sie sich vorher gut, ob es Ihnen etwas ausmacht, Mäuse oder kleine Ratten zu verfüttern.

Zur Überbrückung längerer Abwe-

sich bereits im Vorfeld, welche Informationen gefordert werden. Die für die Anmeldung geschützter Tiere zuständige Behörde ist von Bundesland zu Bundesland unterschiedlich. Im Zweifelsfall muss man sich bei der entsprechenden Orts- oder Stadtverwaltung erkundigen.

Auch wenn von Sandboas garantiert keinerlei Gefahren ausgehen und weder Geruchs- noch Lärmbelästigungen zu erwarten sind, sollten Mieter sich in jedem Fall vor dem Erwerb von Schlangen versichern, ob deren Haltung vom Vermieter und den restlichen Hausbewohnern geduldet wird. Auch wenn Kleintiere zwar im Allgemeinen unabhängig von eventuellen Klauseln im Mietvertrag erlaubt sind, kann doch beispielweise der allgemeine Vorbehalt der Bevölkerung gegenüber Schlangen zu einer Störung des Hausfriedens führen und insofern Probleme verursachen (vgl. RÖSSEL in: TRUTNAU 2002).

senheiten (z. B. Urlaub) benötigen Sie eine hinreichend mit der Pflege von Reptilien vertraute Vertretung oder zumindest jemanden, der es sich zutraut, anfallende Routinearbeiten durchzuführen.

Schwanzende einer Ostafrikanischen Sandboa Foto: S. Arth

Erwerb der Tiere

ABGESEHEN von *Gongylophis muelleri* wurden in den letzten Jahren kaum Wildfänge einer Sandboa-Art in die EU importiert. Gerade bei *G. colubrinus* handelt es sich mit Sicherheit bei den allermeisten angebotenen Tieren um echte Terrariennachzuchten. Der WA-Datenbank VIA des Bundesamt für Naturschutz kann man entnehmen, dass in den Jahren von 1997 bis 2006 insgesamt 232 Exemplare von *Gongylophis colubrinus* importiert wurden (Bundesamt für Naturschutz 2008). Hiervon waren 188 Exemplare als Nachzuchten aus den USA deklariert. Man kann davon ausgehen, dass es sich bei diesen Tieren in erster Linie um Vertreter einer der oben erwähnten Farbformen handelt. Die restlichen 44 Exemplare wurden aus Tansania importiert, allerdings auch hier mit dem Hinweis, dass es sich um Tiere der ersten Filialgeneration handelt.

Mit den typischen Problemen, die der Erwerb von Wildfängen mit sich bringt, etwa Nahrungsverweigerung, parasitäre Belastungen oder Dehydration, ist daher in der Regel nicht zu rechnen.

Auch die schwarz-weißen „Anerythristen" haben ihren Reiz Foto: S. Arth

Ostafrikanische Sandboas können von Züchtern, auf Reptilienbörsen oder im Zoofachhandel erworben werden. Adressen von Züchtern finden sich z. B. im Online-Anzeigen-Journal der DGHT (nur für Mitglieder, siehe „Weitere Informationen") oder in Kleinanzeigenmärkten im Internet (z. B. auf www.reptilia.de, der gemeinsamen Internetpräsenz der Terraristik-Fachzeitschriften REPTILIA, TERRARIA und DRACO). Börsentermine finden sich regelmäßig in der REPTILIA (siehe „Weitere Informationen").

Idealerweise werden Jungtiere direkt vom Züchter erworben und bei diesem persönlich abgeholt. Nur so kann man sich direkt vor Ort die Haltungsbedingungen und die Elterntiere ansehen. Außerdem wird Ihnen ein gewissenhafter Züchter auch noch nach dem Kauf mit Rat und Tat zur Seite stehen.

Unabhängig davon, von wem oder wo die Tiere erworben werden, lassen sich bestimmte Kriterien im Vorfeld überprüfen. Die Terrarien oder Verkaufsbehälter sollten einen sauberen und gepflegten Eindruck machen und entsprechend temperiert und eingerichtet sein (siehe „Haltung im Terrarium"). Die auf Börsen allgemein üblichen kleinen Kunststoffdosen sind für die vorübergehende Unterbringung zu diesem Zweck gut geeignet und daher nicht negativ zu bewerten. Die Schlangen dürfen keine Verletzungen oder Außenparasiten (z. B. Milben) aufweisen und müssen frei von Häutungsresten sein. Jungtiere sollten in jedem Fall futterfest sein, also selbstständig fressen und einen guten Ernährungszustand aufweisen. Ob ein Tier tatsächlich selbstständig und problemlos frisst, lässt sich beim Kauf natürlich nicht nachvollziehen. Hier müssen Sie sich auf die Aussage des Verkäufers verlassen. Bei Jungtieren, die bereits etwas älter bzw. größer sind und einen guten optischen Gesamteindruck machen, kann man aber eher davon ausgehen, dass die Nahrungsaufnahme keine Probleme mehr bereitet. Exemplare, die zwangsernährt werden, sind in der Regel für ihr Alter zu klein, zu dünn und fallen darüber hinaus meist durch ein stumpfes Schuppenkleid gegenüber gut fressenden Geschwistern auf.

Achten Sie außerdem darauf, dass Sie beim Kauf des Tieres eine Herkunfts- oder Nachzuchtbestätigung (siehe „Gesetzliche Bestimmungen") erhalten.

Transport und Quarantäne

ZUM Transport setzen wir die Tiere einzeln in kleine Kunststoffdosen oder ähnliche Behälter, die keineswegs besonders geräumig sein müssen. Erfahrungsgemäß fühlen sich die meisten Schlangen in engen dunklen Behältern sicherer und beruhigen sich schneller als in großen Kisten. Um mögliche Ausscheidungen aufzunehmen und den Tieren ein wenig Halt zu bieten, kann man zerknülltes Küchenpapier mit in die Box geben. Ein paar Lüftungslöcher dürfen natürlich nicht fehlen. Alternativ dazu können Sandboas auch gut in kleinen Stoffsäckchen, z. B. ausgedienten Kissenbezügen, transportiert werden, die aber dementsprechend gut verschlossen werden müssen. Zur Vermeidung größerer Temperaturschwankungen und kalter Zugluft wird der eigentliche Transportbehälter in einem zweiten, isolierenden Behältnis, z. B. einer Styroporbox, untergebracht, das gegebenenfalls leicht beheizt werden muss.

Zu Hause angekommen, wird die Schlange umgehend in das bereits vorbereitete Terrarium gesetzt.

Um das Transportterrarium zu isolieren, kann man solche Styroporboxen verwenden Foto: S. Arth

Neuankömmlinge sollten immer einzeln in Quarantäneterrarien untergebracht werden. Selbstverständlich müssen hier die gleichen klimatischen Bedingungen wie im normalen Terrarium (siehe „Terrarientechnik und -klima") herrschen. Die Einrichtung sollte jedoch deutlich übersichtlicher gehalten werden. Zeitungs- oder Haushaltspapier ist jedoch nur bei ernsthaft erkrankten Tieren, bei denen eine absolut hygienische Haltung angebracht erscheint, notwendig. Mit Sand als Bodengrund werden sich die Tiere wesentlich schneller eingewöhnen. Überhaupt ist die Vermeidung von Stress eine der besten Vorsorgemaßnahmen zur Vorbeugung von Krankheiten. Werkzeuge, wie Futterpinzetten oder Ähnliches, die in Quarantänebecken verwendet werden, dürfen selbstverständlich nicht mit anderen Tieren oder Terrarien in Berührung kommen. Ebenso ist nach dem direkten Kontakt mit den Schlangen auf eine gründliche Desinfektion der Hände mit geeigneten Präparaten zu achten. Größtmögliche Hygiene und Vorsicht sind so lange angebracht, bis die Gesundheit des Neuzugangs zweifelsfrei festgestellt ist.

Zeigt der Neuerwerb auch nach einigen Wochen keine Auffälligkeiten, frisst und kotet normal, kann man die Quarantäne beenden. Bei ersten Anzeichen einer Krankheit sollten Kotproben oder Rachenabstriche genommen und von entsprechenden Instituten untersucht werden (siehe „Krankheiten" und „Weitere Informationen"). Auch gesund erscheinende Tiere können durch den Stress des Umgebungswechsels plötzlich erkranken. In diesem Fall muss eine Behandlung nach Anweisung des Tierarztes erfolgen, und man hat die Genesung des Tieres abzuwarten. Danach werden oben genannte Untersuchungen wiederholt.

DER PRAXISTIPP

Insbesondere bei niedrigen Außentemperaturen muss sichergestellt sein, dass sich die Temperaturen im Transportbehälter in einem für die Tiere sicheren Bereich, so etwa zwischen 20 und 30 °C bewegen. Dies lässt sich beispielsweise leicht mit dem Prinzip einer Wärmflasche in Form eines kleinen, mit warmem Wasser gefüllten Behälters erreichen. Natürlich darf das Wasser nicht zu heiß eingefüllt werden, da sich nicht nur Unterkühlungen, sondern auch Überhitzungen gesundheitsschädigend auswirken und im schlimmsten Fall sogar tödlich enden können.

Vergesellschaftung

GRUNDsätzlich sind wir der Meinung, dass die Einzelhaltung von Schlangen aus verschiedenen, nachfolgend geschilderten Gründen einer Paar- oder Gruppenhaltung immer vorzuziehen ist.
Aufgrund der bei Sandboas kaum ausgeprägten innerartlichen Aggressivität eignen sich diese jedoch eigentlich recht gut für eine gemeinsame Haltung. Es können sowohl mehrere Männchen als auch Weibchen zusammen untergebracht werden. Dennoch ergeben sich bei einer gemeinsamen Haltung immer gewisse Probleme.
Die Fütterung mehrerer Schlangen in einem Terrarium gestaltet sich mitunter recht schwierig. Da die Tiere oft völlig im Substrat verborgen sind, ist es nicht immer leicht, allen Individuen gleichzeitig Futter anzubieten. Hier empfiehlt es sich, die Tiere einzeln in Fütterungskisten zu füttern, wie es im Kapitel „Fütterung“ ausführlicher beschrieben wird. Empfindliche Tiere reagieren aber bisweilen recht hektisch auf ein Herausfangen aus dem Terrarium und verweigern dann nicht selten die Nahrungsaufnahme. Belässt man die Tiere zur Fütterung im Becken, muss der gesamte Fressvorgang überwacht werden, um auszuschließen, dass Tiere, die ihr Futtertier bereits verschlungen haben, sich in die Beute eines Terrariengenossen verbeißen. Die Fütterung mit lebenden Nagern ist unter diesen Umständen nahezu unmöglich. Sehr anschauliche Bilder zu den möglichen Konsequenzen finden sich bei SCHMIDT & KUNZ (2005).
Ein weiterer Nachteil besteht da-

Haltung im Terrarium

MIT dem Terrarium schaffen wir einen künstlichen Lebensraum, der es den Tieren ermöglicht, ihre natürlichen Verhaltensweisen zu zeigen.
Im Gegensatz zu vielen anderen Reptilien- und Amphibienarten stellen Sandboas, wie ein Großteil der Riesenschlangen, keine allzu hohen Anforderungen an die Einrichtung und Gestaltung ihrer Behausung. Eine adäquate Nachbildung des natürlichen Habitates ist dabei ebenso unmöglich

rin, dass Krankheitsanzeichen wie breiiger, übelriechender Kot oder ausgewürgte Futtertiere nur schwer einem bestimmten Individuum zuzuordnen sind.

Neuzugänge, stressanfällige oder kranke Tiere sind daher auf jeden Fall einzeln zu pflegen. Gesunde, ruhige und eingewöhnte Tiere lassen sich, abgesehen von den oben erwähnten Problemen, zusammen halten.

Weibliche Sandboa im Terrarium
Foto: L. Barkam

Eine Vergesellschaftung mit artfremden Tieren ist in jedem Fall abzulehnen. In dem beengten Lebensraum Terrarium ist es oft schon schwer genug, den Bedürfnissen einer Art gerecht zu werden. Infrage kämen allenfalls etwa gleich große Schlangen aus Trockengebieten mit ähnlichen Lebensansprüchen. Bei Echsen fallen kleinere Arten durchaus ins Beutespektrum der Sandboas, größere Arten hingegen könnten wohl kaum artgerecht in einem typischen Sandboaterrarium gepflegt werden und würden darüber hinaus starken Streß für die Schlangen bedeuten. Amphibien verbieten sich aus denselben Gründen, wobei die Ansprüche an das Terrarienklima hier wohl noch weniger miteinander vereinbar wären.

wie unnötig. Selbstverständlich spricht absolut nichts gegen ästhetisch ansprechend eingerichtete Terrarien. Man sollte jedoch nicht den Fehler begehen, zu glauben, die Tiere würden sich in einem solchen nach menschlichen Maßstäben schönen Terrarium wohler fühlen als in einem eher zweckmäßig gestalteten Behälter. Von wesentlicher Bedeutung ist lediglich, dass die Grundbedürfnisse der Tiere erfüllt werden.

Terrarium und Terrariengestaltung

EIN unter Schlangenhaltern immer wieder kontrovers diskutiertes Thema ist die zur Pflege von Schlangen erforderliche Terrariengröße. Seit 1997 können sich sowohl Halter als auch Behörden an dem „Gutachten über die Mindestanforderungen an die Haltung von Reptilien“, das vom Bundesministerium für Verbraucherschutz, Ernährung und Landwirtschaft oder der DGHT bezogen werden kann, orientieren. Hier werden die erforderlichen Behältermaße in Form von auf die Gesamtlänge der Schlange bezogenen Multiplikatoren angegeben. Da die Gattung *Gongylophis* im Gutachten allerdings nicht gelistet wird, gelten die für *Eryx* angegebenen Werte. Die geforderte Kantenlänge der Becken wird mit den Faktoren 0,75 für die Länge und 0,5 für die Breite und Höhe errechnet. Bei einer angenommenen Gesamtlänge von beispielsweise 60 cm wäre die empfohlene Beckengröße also 45 x 30 x 30 cm. Diese Angaben gelten für zwei Tiere. Für jedes weitere Tier sollte das Terrarienvolumen unter Beibehaltung der Proportionen um etwa 20 % erhöht werden.

Des Weiteren werden in dem Gutachten eine grabfähige Substratschicht von 8–15 cm Höhe und eine Trinkschale gefordert.

Zur Aufzucht von Jungtieren gelten andere Werte, wie sie später im Kapitel „Aufzucht“ erläutert werden.

Standardglasterrarien eignen sich sehr gut für die Pflege von Sand-

boas. Der Fachhandel bietet mittlerweile eine immense Auswahl der verschiedensten Modelle zu günstigen Preisen an. Die Behälter sind wasserdicht und leicht zu reinigen bzw. zu desinfizieren. Aufgrund der bauartbedingt meist recht niedrigen Füllhöhe dieser Becken fällt bei Grabe- oder Wühlaktivitäten der Bewohner leider oft Sand oder sonstiges Substrat durch die unteren Lüftungsflächen nach außen oder sammelt sich in den Glasführungsschienen. Bei einer Maßanfertigung sollte man daher auf alle Fälle auf eine etwas größere Einfüllhöhe achten.

Natürlich spricht auch nichts gegen den Selbstbau eines Terrariums, beispielsweise aus Holz. Für weitere Informationen über

Blick in zwei Terrarien für adulte Sandboas. Einige knorrige Äste sowie Korkrindenstücke sind neben der Wasserschale die einzigen Einrichtungsgegenstände. Die Füllhöhe des Sandes beträgt etwa 8 cm, was jedoch von außen aufgrund der Blende nicht zu erkennen ist. Foto: S. Arth

WUSSTEN SIE SCHON?

Wie alle Schlangen häutet sich auch die Ostafrikanische Sandboa in regelmäßigen Abständen. Dabei wird die nicht mitwachsende oberste Hautschicht im Stück abgestreift. Die schon fertig darunterliegende „neue" Haut erstrahlt danach wieder in vollem Glanz. Wie oft dies geschieht, hängt vor allem von der Wachstumsgeschwindigkeit ab. Gut fressende, schnell heranwachsende Jungtiere häuten sich durchaus alle 6-8 Wochen. Mit zunehmendem Alter und dem damit einhergehenden verlangsamten Wachstum werden die Abstände jedoch immer größer. Verschiedene Anzeichen kündigen das Bevorstehen einer Häutung an. Die Schuppen erscheinen matt und glanzlos, und gegen Ende der Häutungsphase sind die Augen milchig blau gefärbt. Diese Eintrübung wird durch Flüssigkeit hervorgerufen, die sich zwischen der alten und der neuen Haut ansammelt. Während der Häutungsphase, die bis zu zwei Wochen andauern kann, sind die Tiere inaktiv und fressen meistens nicht. Eine Futteraufnahme während dieses Zeitraums führt oft zu Häutungsschwierigkeiten und sollte daher unterbleiben. Es kommt vor, dass die alte Haut beim Umschlingen des Futtertieres aufreißt und nachher nicht mehr problemlos in einem Stück abgestreift werden kann.

den Bau von Terrarien sei an dieser Stelle auf die zur Verfügung stehende aktuelle Fachliteratur, beispielsweise von HENKEL & SCHMIDT (2003) oder MÜTTERTHIES (2006), verwiesen.

Sandboas lassen sich aber unserer Meinung nach auch hervorragend in Aquarien halten. Diese sind günstig zu erwerben und erlauben das Einbringen einer hohen Substratschicht. Eine Abdeckung, etwa aus einem mit Gitterdraht bespannten Holzrahmen, darf hier jedoch nicht fehlen. Wie die meisten Schlangen besitzen auch Sandboas ein erstaunliches Talent, alle Schwachstellen hinsichtlich der Ausbruchssicherheit ihrer Behausung zu finden. Die behäbig wirkenden Tiere können trotz ihrer eher plumpen Statur gut klettern und zwängen sich mühelos durch kleinste Spalten.

Wir halten unsere adulten Tiere in Glasterrarien, die 40 cm in der Breite und Höhe, aber 50 cm in der Tiefe aufweisen. Die meisten Terrarientiere profitieren von tiefen Behältern, da sie sich hier weiter nach hinten zurückziehen können und dadurch geringeren Störungen ausgesetzt sind. Bei den meist im Sand vergrabenen Sandboas kommt diesem Umstand aber nur untergeordnete Bedeutung zu. Unsere Terrarien lassen sich bis zu 15 cm hoch mit Sand befüllen. Eine 8–10 cm hohe Schicht hat

sich aber als mehr als ausreichend erwiesen. Wir verwenden ausschließlich kommerziell vertriebenen Aquariensand, da dieser nicht besonders stark staubt und nicht abfärbt. Prinzipiell eignen sich aber auch andere Sande wie Spielkasten-, Fluss- oder Bausand. Es ist aber immer darauf zu achten, dass keine chemischen Zusätze enthalten sind. Natürlich kann auch der in verschiedenen Farben erhältliche, allerdings auch sehr teure Terrariensand aus dem Zoofachhandel verwendet werden. Seufer (2001) benutzt beispielsweise Chinchillasand zur Aufzucht von Jungtieren. Daneben eignen sich nach Jones (2004) auch Espenspäne oder Zeitungspapier als Bodengrund. Wir können jedoch der Argumentation dieses Autors nicht folgen und möchten die genannten Alternati-

Kleine Wurzeln oder Korkröhren werden nur hin und wieder von den Sandboas genutzt (hier ein Weibchen) Foto: L. Barkam

ven keinesfalls empfehlen. Ein kleiner Teil des Substrates wird leicht feucht gehalten. Dies erreicht man recht einfach, indem man beispielsweise die Wasserschale nach der Reinigung beim Befüllen regelmäßig ein wenig überlaufen lässt. Gerade während der Häutung ziehen sich die Sandboas gerne in die etwas feuchteren Bereiche zurück. Die Einrichtung kann äußerst spartanisch ausfallen. Ein Versteckplatz, wie er für fast alle Schlangen eigentlich obligat sein sollte, erübrigt sich bei der Verwendung einer genügend hohen Substratschicht. Wir bieten unseren Tieren dennoch ein wenig Struktur in Form von knorrigen Ästen oder Korkrindenstücken an. Obwohl derlei Dinge in einem Sandboa-Terrarium eher einen rein dekorativen Charakter aufweisen, lassen sich die Schlangen ab und an auch beim Klettern beobachten. Auch zur Häutung können solche Einrichtungsgegenstände hilfreich sein. Explizit abraten möchten wir

Eine kleine Schale mit Wasser sollte für die Tiere immer bereitstehen Foto: L. Barkam

von der Verwendung von Steinen oder Steinaufbauten. Es besteht immer die Gefahr, dass diese untergraben werden, um- oder einstürzen und die Pfleglinge einklemmen und verletzen. Wer dennoch nicht darauf verzichten will, muss unbedingt darauf achten, dass alle Steine fest auf dem Terrarienboden aufliegen und nicht untergraben werden können. Steinaufbauten müssen absolut fest, z. B. mit Mörtel, miteinander verbunden werden und umsturzsicher im Terrarium platziert werden. Eine Bepflanzung der Terrarien empfiehlt sich nicht. Wer lebendes Grün dennoch nicht missen möchte, sollte ein paar Dinge beachten. Um beim Gießen ein Durchfeuchten des gesamten Bodengrundes zu verhindern, müssen alle Pflanzen in Übertöpfen oder wasserdichten Pflanzschalen stehen. Da sich die Sandboas allerdings gerne in diese eingraben und dabei sowohl die Erde im Terrarium verteilen als auch die Wurzeln der Pflanzen schädigen, empfiehlt es sich, die Pflanzschalen zusätzlich gegen ein Eindringen zu sichern. Hierzu kann man beispielsweise Gitterdraht verwenden, der mit gröberem Kies kaschiert werden kann. Abgesehen von diesen Schwierigkeiten stellen die meisten Gewächse aus trockenen offenen Habitaten, die mit den hohen Temperaturen und der niedrigen Luftfeuchte im Terrarium auskommen, in der Regel hohe Ansprüche an die Lichtintensität, die sich nur mit immensem technischen Aufwand erfüllen lassen. Die Pflege der Pflanzen wird hier schnell aufwendiger als die der Schlangen. Einen schönen Überblick über die infrage kommenden Arten und Tipps zur Pflege gibt AKERET (2008).

Terrarientechnik und -klima

IMMER ausgerciftere Beleuchtungssysteme, thermostatgesteuerte Heizquellen, automatische Luftbefeuchter und Beregnungsanlagen versetzen uns heute in die Lage, auch komplizierte Klimaverhältnisse im künstlichen Lebensraum Terrarium nachzubilden.

Während sich die Haltung vieler Reptilien nur durch das komplexe Zusammenspiel der einzelnen technischen Komponenten bewerkstelligen lässt, stellen Sandboas keine hohen Anforderungen an die Terrarientechnik.

Zur Beleuchtung hat sich die Simulation von Tag- und Nachtphasen durch einfache Leuchtstoffröhren oder Energiesparlampen als völlig ausreichend erwiesen. Je nach Standort des Terrariums kann sogar schon die normale Raumhelligkeit durch das durch die Fenster einfallende Licht ausreichen. Direkte Sonne darf natürlich unter keinen Umständen auf das Terrarium scheinen, da sich die Luft hinter den Scheiben dadurch schnell auf für die Insassen lebensgefährlich hohe Temperaturen erhitzen kann.

Zur Beheizung können sowohl Spotstrahler als auch Bodenheizungen in Form von Heizmatten oder -kabeln eingesetzt werden. Auf alle Fälle ist darauf zu achten, dass die elektrischen Geräte keine Gefahrenquelle für die Insassen darstellen.

Zur punktuellen Erwärmung verwendet man Spotstrahler Foto: S. Arth

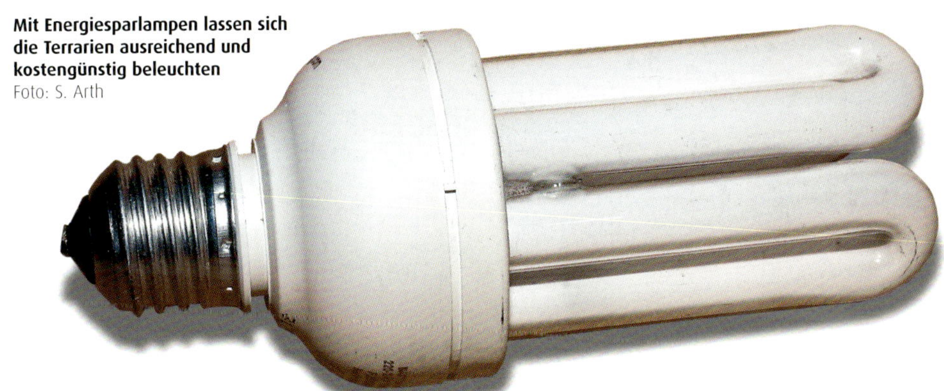

Mit Energiesparlampen lassen sich die Terrarien ausreichend und kostengünstig beleuchten Foto: S. Arth

Beleuchtungsmittel sollten in jedem Fall für die Tiere unerreichbar angebracht werden. Insbesondere bei der Verwendung von Spotstrahlern herrscht ansonsten akute Verbrennungsgefahr. Besteht ein Teil der Terrariendecke aus Drahtgaze, werden die Strahler am besten über dieser außerhalb des Terrariums installiert. Lässt sich dies bauartbedingt nicht verwirklichen oder ist das Terrarium so hoch, dass nicht genügend Wärme am Boden ankommt, muss die Lampe im Terrarium befestigt werden. Hierbei darf ein geeigneter Schutzkorb aus Gitterdraht oder ähnlichen hitzebeständigen Materialien, der die Insassen vor Verbrennungen durch Berühren des heißen Leuchtmittels schützt, nicht fehlen.

Auch Bodenheizungen sollten (abgesehen von Holzbecken) außerhalb des Terrariums installiert werden. Bei unseren Terrarien hat sich ein schwaches (!) Heizkabel von etwa 5–10 Watt pro laufendem Meter – unter den Terrarien verlegt – bewährt. Hierzu wird eine Styropor- oder Styrodur-

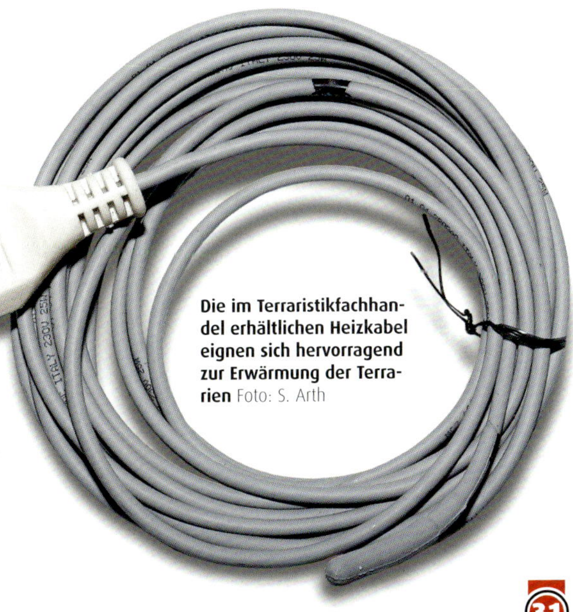

Die im Terraristikfachhandel erhältlichen Heizkabel eignen sich hervorragend zur Erwärmung der Terrarien Foto: S. Arth

DER PRAXISTIPP

Welche Wattstärke die einzelnen Heizelemente genau haben müssen, um die gewünschten Temperaturen zu erreichen, lässt sich nicht pauschal beantworten. Viele Faktoren, etwa die Größe der Lüftungsfläche, das Material des Terrariums und vor allen Dingen die Umgebungstemperatur, stellen Kriterien für die Auswahl der Wattstärke dar. Hier muss man einfach ein wenig ausprobieren. Wer es ganz genau machen möchte, kann natürlich auch auf Thermostate zurückgreifen, die mittlerweile auch im Terraristikzubehör in vielfältigen Ausführungen erhältlich sind.

platte, die gleichzeitig als weiche Unterlage für die Terrarien dient, entsprechend der Grundfläche des Beckens zugeschnitten. Nun legt man das Heizkabel darauf und zeichnet den gewünschten Verlauf mit einem Filzstift nach. Dabei dürfen sich die Schlingen nicht kreuzen und auch nicht zu nah beieinanderliegen. Ein Mindestabstand von etwa 5 cm sollte eingehalten werden. Anschließend wird mithilfe eines Lötkolbens entlang der gezeichneten Linie eine Furche hineingeschmolzen, in die das Heizkabel im Anschluss eingelegt wird. Durch die stark isolierende Wirkung des Styropors können schwächere Kabel verwendet werden, was zum einen Strom spart und zum anderen das

Für größere Terrarien kommen auch Heizmatten zur Erwärmung des Bodens infrage Foto: S. Arth

Analog oder digital gesteuerte Zeitschaltuhren sind in der modernen Terraristik nicht mehr wegzudenken Foto: S. Arth

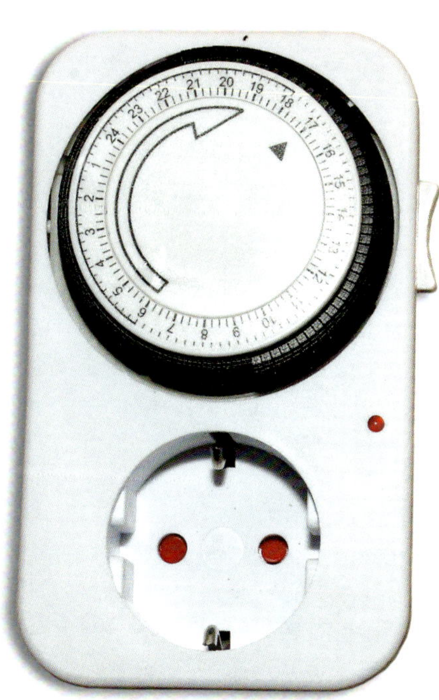

Risiko minimiert, dass die Bodenscheibe aufgrund zu hoher Hitzeentwicklung reißt.

Mit den geschilderten technischen Hilfsmitteln stellt es kein Problem dar, die für die Pflege von Ostafrikanischen Sandboas erforderlichen Temperaturen zu schaffen. Die Tagestemperaturen sollten etwa 28 bis 30 °C betragen. Lokal, etwa direkt unter dem Spot, oder an einer Stelle, an der die Schlingen des Heizkabels etwas dichter liegen, müssen höhere Werte zwischen 35 und 40 °C erreicht werden. Nachts kann die Temperatur auf 22 bis 25 °C abfallen.

Die Luftfeuchte bedarf keiner besonderen Beachtung. Sie wird in einem typischen Sandboa-Terrarium vermutlich immer sehr niedrig sein, was den Schlangen jedoch nicht schadet.

Haltung im „Rack"

WIR wollen an dieser Stelle auch das speziell in Deutschland nicht unumstrittene Thema der „Rackhaltung" anschneiden. Unter einem Rack (Englisch für Regal oder Gestell) versteht man ein Regal oder Regalsystem, in welchem mehrere Behälter, meist Kunststoffboxen, zur Haltung von Schlangen oder anderen Terrarientieren untergebracht sind. Die notwendigen Temperaturbereiche werden in der Regel durch Heizkabel oder -matten, die unter oder hinter den Boxen verlegt sind, geschaffen. Eine Beleuchtung erfolgt normalerweise nicht. Oft besitzen die einzelnen Boxen keinen Deckel, sodass der darüberliegende Regalboden diesen ersetzt. Das bedeutet, der Behälter wird geöffnet, indem er wie eine Schublade ein Stück weit herausgezogen wird. Die Ausstattung ist üblicherweise denkbar einfach: Zeitungspapier oder Kleintierstreu zur Aufnahme von Ausscheidungen und eine Schale mit Wasser sind oft die einzigen Einrichtungsgegenstände. Auch wenn wir diese Form der Haltung nicht unbedingt empfehlen wollen, muss man doch eingestehen, dass die Zuchterfolge mit dieser Haltungsmethode bei etlichen Haltern immens sind (vgl. JONES 2004). Möglicherweise ist hierfür das hohe Sicherheitsgefühl der Tiere in einem solchen rundum geschlossen Behälter verantwortlich.

Pflegearbeiten

ZU den regelmäßig anfallenden Arbeiten gehört das Säubern und Auffüllen der Wasserschale, das Nachfeuchten des feuchten Sandbereiches und das Entfernen von Exkrementen oder Häutungsresten. Da Schlangen vergleichsweise selten gefüttert werden, fällt auch nur gelegentlich Kot an. Von Zeit zu Zeit kann man den Sand durchsieben, um gröbere Verschmutzungen zu beseitigen. Mehrmals im Jahr sollte jedoch der gesamte Bodengrund ausgetauscht werden. Auch wenn Kot und

Regalsystem zur Unterbringung der Aufzuchtboxen. Auf jedem Boden verläuft ein Heizkabel, das einen Teil der Grundfläche der Boxen erwärmt. Foto: S. Arth

Häutungsreste immer entfernt werden, bleiben doch Rückstände im Sand zurück, die dann zu einer Geruchsbelästigung führen können und selbstverständlich auch ein erhöhtes Infektionsrisiko für die Tiere darstellen. An dieser Stelle können wir natürlich keine genauen Reinigungsintervalle angeben. In welchen Abständen Reinigungsarbeiten durchzuführen sind, hängt selbstverständlich auch stark vom Besatz und der Größe des Terrariums sowie der Häufigkeit der Futtergaben ab.

Fütterung

SANDBOAS sind in der Regel recht unkomplizierte Fresser, die gierig das angebotene Futter annehmen. Über das Futterspektrum in der Natur ist, wie bereits erwähnt, kaum etwas bekannt. Im Terrarium werden die üblichen Futternager in den verschiedenen Größen angeboten. Neugeborene Jungtiere nehmen in aller Regel nackte Mäusebabys, adulte Weibchen schaffen dagegen ausgewachsene Mäuse, kleinere Vielzitzenmäuse oder Ratten entsprechender Größe.

Über den Zoofachhandel und spezielle Futtertierlieferanten steht uns heute ein recht breites Spektrum an lebenden und tiefgefrorenen Futtertieren zur Verfügung. Auch die Zucht von Nagetieren stellt eine lohnende Alternative dar. Sie haben die Kontrolle über die Qualität des Futters und können jederzeit auf die verschiedensten Größen zurückgreifen. Es soll an dieser Stelle aber nicht verschwiegen werden, dass die Pflege von Mäusen und Ratten natürlich auch einen gewissen Aufwand darstellt und immer mit einer leichten Geruchsentwicklung einhergeht.

Wann immer möglich, sollte auf das Verfüttern von lebenden Nagetieren verzichtet werden. Mäuse können recht wehrhaft sein und der Schlange unter Umständen Verletzungen zufügen. Glücklicherweise nehmen die meisten Ostafrikanischen Sandboas aber ohne Probleme abgetötete Nager oder Frostfutter an. Letzteres muss natürlich unmittelbar vor dem Verfüttern vollständig aufgetaut werden und sollte mindestens Zimmertemperatur, noch besser aber Körpertemperatur aufweisen.

Wer Futtertiere selbst züchtet oder lebende Futtertiere kauft, steht dann natürlich vor dem Problem, diese fachgerecht zu töten. Natürlich sind die tierschutzrechtlichen Aspekte zu beachten. Leider gibt es derzeit keine klaren Regelungen, was den diesbezüglichen Umgang mit Futternagern angeht. Eine Annährung an die Thematik und wertvolle Hinweise zur Zucht von Hausmäusen geben Wilms & Löhr (2006).

Der günstigste Zeitpunkt für die Fütterung ist der Beginn der Aktivitätsphase, abends, kurz nach dem Ausschalten der Terrarienbeleuchtung. Vielleicht sind die

Adulte Weibchen werden mit großen Mäusen oder kleinen Ratten gefüttert Foto: S. Arth

Tiere dann schon aktiv im Terrarium unterwegs, oder man sieht den Kopf der Sandboa ein wenig aus dem Sand ragen. Tote Futtertiere werden dem Tier nun mit einer stumpfen Futterzange oder großen Pinzette vorgehalten. Keinesfalls sollte man versuchen, das Futtertier mit den Fingern anzubieten. Werden die Tiere nicht durch die verhältnismäßig große Hand verschreckt, können schmerzhafte Bissverletzungen die Folge sein. Die Schlange kann nämlich keinesfalls zwischen der Maus und Ihrem Finger unterscheiden. Hungrige Tiere werden sofort zuschnappen. Das angebotene Futter wird mit mehreren Körperschlingen umwickelt und „erwürgt". Anschließend wird die Beute oft noch ausgiebig bezüngelt und meistens mit dem Kopf voran verschlungen. Durch das gezielte Füttern mit dem entsprechenden Werkzeug lassen sich auch mehrere Tiere in einem Terrarium gleichzeitig versorgen, wenn der gesamte Fressvorgang überwacht wird. Bevor nicht alle Tiere die ihnen zugedachte Beute verschlungen haben, besteht das

Trotz ihres kleinen Kopfes können Sandboas auch größere Futtertiere problemlos fressen
Foto: S. Arth

hohe Risiko, dass sich zwei Tiere in dasselbe Futtertier verbeißen. Bei einzeln gehaltenen Tieren, die nicht sofort Interesse zeigen, können tote Futtertiere auch einfach im Terrarium belassen werden, um der Sandboa die Möglichkeit zu geben, später, z. B. während der Nacht, in Ruhe zu fressen. Als Alternative bei der Gruppenhaltung bietet sich die Fütterung in einem separaten Behälter an, etwa einer Kunststoffbox oder einem leeren Terrarium. Gut eingewöhnte Tiere werden trotz der Störung Futter annehmen und brauchen so nicht permanent beobachtet zu werden. Für empfindliche Tiere empfiehlt sich diese Praxis allerdings nicht. Sie werden dann in aller Regel die Nahrungsaufnahme verweigern. Mit der zuletzt beschriebenen Methode können auch Tiere, die dauerhaft in einer Gruppe gehalten werden, mit lebenden Nagern gefüttert werden. Das Anbieten lebender Futtertiere innerhalb eines mit mehreren

Schlangen besetzten Terrariums ist ein hohes Risiko und daher unbedingt abzulehnen.

Die Größe des Futtertieres richtet sich immer nach der Größe der Schlange; frisch geschlüpfte Sandboas schaffen nur sehr kleine, höchstens einen Tag alte Mäusebabys, adulte Weibchen bewältigen ausgewachsene Mäuse oder junge Ratten in der entsprechenden Größe. Jungtiere bis zu einem Alter von drei Jahren können durchaus ein Mal wöchentlich gefüttert werden, danach erhöht man die Fütterungsintervalle auf 14 Tage bis drei Wochen. Während adulte Weibchen, abgesehen von der Graviditätsphase, in der Regel das ganze Jahr über gierige Fresser sind, reduzieren die männlichen Tiere mit Erreichen der Geschlechtsreife drastisch die Nahrungsaufnahme. Während der Paarungszeit wird unter Umständen über Monate kein Futter angenommen. Dies ist jedoch kein Grund zur Beunruhigung, sondern völlig normal. So sind adulte Männchen unter Umständen bereits mit 6–7 Mahlzeiten im Jahr ausreichend ernährt. Ähnliches berichten auch BARKER & BARKER (1996).

Sandboas neigen, im Gegensatz zu manchen anderen Arten, nicht zu Verdauungsproblemen und Darmvorfällen. Trotzdem sollte man seine Tiere nicht überfüttern, um Leberverfettungen und anderen ernährungsbedingten gesundheitlichen Beeinträchtigungen vorzubeugen. Wenn man seine Futtertiere selbst züchtet und diese hochwertig ernährt oder wenn lebend gekaufte Nager noch eine Zeit lang gut gefüttert werden, erübrigt sich eine zusätzliche Vitaminisierung der Futtertiere. Wird allerdings ausschließlich Frostfutter benutzt, kann es sinnvoll sein, den aufgetauten Nagern ab und an ein flüssiges Vitaminpräparat zu injizieren. Die Dosis muss natürlich in Abhängigkeit der Vitaminkonzentration des entsprechenden Präparates bestimmt werden.

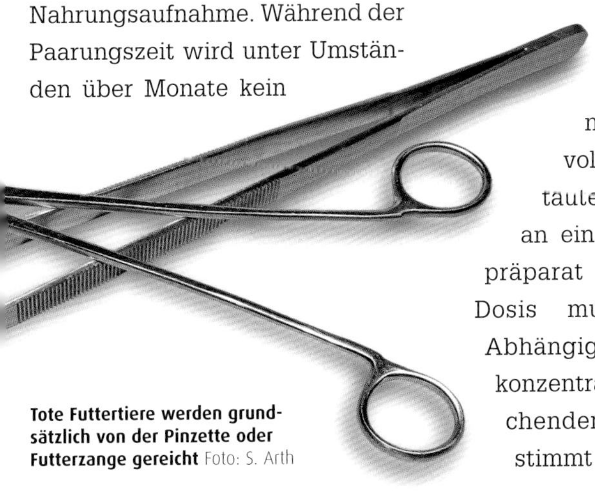

Tote Futtertiere werden grundsätzlich von der Pinzette oder Futterzange gereicht Foto: S. Arth

Nachzucht

DIE erfolgreiche Nachzucht seiner Tiere ist mit Sicherheit ein großer Wunsch vieler Terrarianer. Der Anblick der kleinen Jungschlangen entschädigt für die Arbeit und den betriebenen Aufwand, um seinen Tieren optimale Haltungsbedingungen zu bieten. Im Allgemeinen lassen sich Sandboas recht einfach züchten, aber dennoch gibt es natürlich auch hierbei einige Dinge zu beachten.

Geschlechtsunterschiede und Geschlechtsreife

DIE Geschlechter lassen sich bei Sandboas eigentlich sehr gut unterscheiden. Leider zeigen sie, wie fast alle Schlangen, keine eindeutigen sekundären Geschlechtsmerkmale wie Färbungsunterschiede oder Körperfortsätze. Trotzdem gibt es klare

Männliche Tiere besitzen im Verhältnis gesehen deutlich längere Schwänze. Bei großen Exemplaren lassen sich darüber hinaus auch gut die kleinen Aftersporne erkennen.

Der Schwanz der Weibchen ist deutlich kürzer

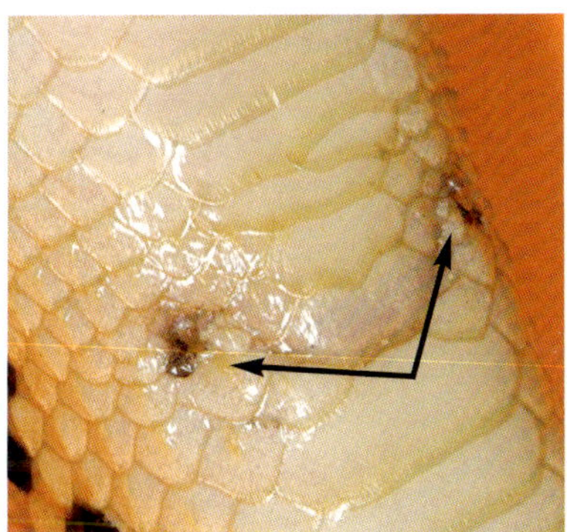

Nahaufnahme der Schwanzwurzel eines Männchens. Deutlich sind die beiden Aftersporne links und rechts des Kloakalspalts zu erkennen.

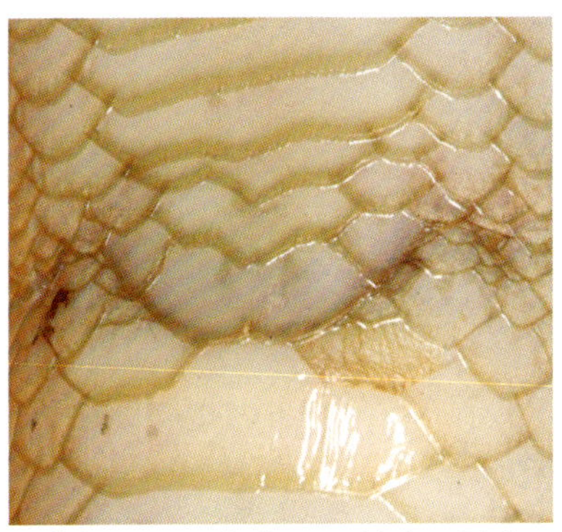

Weibchen weisen in der Regel keine sichtbaren Aftersporne auf
Fotos: S. Arth

Unterschiede. Weibchen werden erheblich größer als Männchen, besitzen jedoch im Verhältnis gesehen viel kürzere Schwänze. Gerade bei Jungtieren, bei denen noch kein Größenunterschied besteht, kann der direkte Vergleich der Schwanzlängen zur Geschlechtsbestimmung herangezogen werden. Fehlen Vergleichstiere oder sind die Unterschiede zu gering und lassen keine eindeutigen Rückschlüsse zu, lassen sich Sandboas aber auch ohne größere Schwierigkeiten sondieren. Dabei wird eine Knopfsonde, ein dünner Metallstab mit abgerundetem Kopf, durch die Kloake in die im Schwanzansatz liegenden Hemipenis- bzw. Hemiklitoristaschen eingeführt. Bei Männchen kann man ca. 2–3, bei Weibchen ca. 10–12 Subcaudalia (Schuppen der Schwanzunterseite) weit eindringen (Ross & Marzec 1994). Da das Verletzungsrisiko beim Sondieren allerdings nicht zu unterschätzen ist, sollte diese Form der Geschlechtsbestimmung nur von erfahrenen Schlangenpflegern durchgeführt werden. Mit etwas Übung lassen sich so aber bereits wenige Monate alte Jungtiere sicher bestimmen.

Die schnellwüchsigen Tiere erreichen bei entsprechender Fütterung sehr früh die Geschlechtsreife. Ein Pärchen unserer eigenen Nachzuchten hat bei einem befreundeten Terrarianer bereits im Alter von zwei Jahren für Nachwuchs gesorgt (U. Hösch, pers. Mittlg.). Im Durchschnitt dürfte die Geschlechtsreife vermutlich aber eher mit drei Jahren eintreten.

Paarungsauslöser

BEI vielen Amphibien und Reptilien gilt eine möglichst genaue Nachahmung der Klimaverhältnisse im natürlichen Habitat als unabdingbar für eine erfolgreiche Synchronisation der Geschlechter und damit letztendlich auch für den Fortpflanzungserfolg. Hier machen Sandboas keine Ausnahme, sie scheinen jedoch keine allzu hohen Ansprüche zu stellen. Eine leichte Absenkung der Temperaturen im Winter reicht aus, um die Männchen in Paarungsbereitschaft zu setzen. Dies erreicht man in der Regel einfach, indem die verwendeten Heizelemente durch schwächere Ausführungen ausgetauscht werden. Oft reicht bereits eine kleine Absenkung durch die sinkenden Außen- und Raumtemperaturen aus. Im Gegensatz zu den meisten Riesenschlangen, bei denen die

Gongylophis colubrinus bei der Paarung.
Hier wird der enorme Größenunterschied zwischen den Geschlechtern deutlich. Foto: S. Arth

Paarungszeit fast immer mit dem Beginn der kühleren Phase zusammenfällt, lässt sich bei *Gongylophis colubrinus* eine Erhöhung der Paarungsaktivitäten im Frühjahr, nach einem langsamen Anstieg der Temperaturen, beobachten. Die oben beschriebenen Maßnahmen sollten in aller Regel ausreichen und zu erfolgreichen Paarungen führen.

Gerade bei Riesenschlangen empfiehlt sich darüber hinaus auch eine konsequente Trennung der Geschlechter außerhalb der Paarungszeit. Setzt man die Paare dann in der entsprechenden Jahreszeit zusammen, befinden sich die Männchen in erhöhter Paarungsbereitschaft. Speziell bei vielen Arten der Boidae lässt sich diese durch mehrere sich gegenseitig stimulierende Männchen nochmals steigern.

Das geschulte Auge kann sich in Paarungsstimmung befindliche Männchen leicht erkennen. Die Tiere werden unruhig und kriechen, sofern sie noch separat gehalten werden, oft die ganze Nacht unentwegt im Terrarium umher. Die Nahrungsaufnahme wurde zu diesem Zeitpunkt normalerweise bereits eingestellt. Spätestens jetzt sollte man die Geschlechter zusammensetzen, wobei die Weibchen in ihrem Terrarium belassen werden. Paarungsbereite Männchen beginnen meist unmittelbar mit dem Werberitual. Dabei kriechen sie auf den Rücken der Weibchen und kratzen mit den Afterspornen an deren Flanken, um diese zu „stimulieren". Paarungswillige Weibchen werden den Schwanz anheben, um die Kopulation zu ermöglichen. Die Paarungen finden immer oberhalb der Sandoberfläche statt und können mehrere Stunden andauern.

Trächtigkeit und Geburt der Jungtiere

FINDEN über mehrere Wochen immer wieder Kopulationen statt, stehen die Chancen für eine erfolgreiche Nachzucht gut. Zu Beginn der Trächtigkeit werden die Weibchen sehr futtergierig und sollten dann auch entsprechend stärker gefüttert werden. Da Sandboas zu den ovovivipaaren (eilebendgebärenden) Schlangen gehören, entfallen die Vorbereitung einer geeigneten Eiablagemöglichkeit und die anschließende Inkubation. Stattdessen werden vollentwickelte, unmittelbar nach der Geburt selbstständige Jungtiere abgesetzt. Die Dauer der Trächtigkeit lässt sich leider nicht genau bestimmen, da der Zeitpunkt der Befruchtung ja nicht zweifelsfrei festgestellt werden kann. Normalerweise sollte jedoch ca. 3–4 Monate nach den ersten Paarungen mit Jungtieren zu rechnen sein. Gravide Tiere sind sehr wärmebedürftig und liegen oft sehr lange im Wirkungsbereich der Heizquellen. Ungefähr sechs Wochen vor der Geburt der Jungtiere stellen die Weibchen normalerweise die Nahrungsaufnahme

Die Jungtiere werden vollentwickelt in der durchsichtigen Eihülle abgesetzt Foto: S. Arth

Oft versuchen die jungen Sandboas schon während der „Geburt", die schützende Eihülle zu durchdringen Foto: S. Arth

ein und zehren von ihren Reserven. Dennoch nehmen die Tiere weiter an Umfang zu. Bei hochträchtigen Tieren ist die Haut derart gespannt, dass die weißen Schuppenzwischenhäute zum Vorschein kommen.

Die Geburt der Jungtiere erfolgt meistens nachts oder in den frühen Morgenstunden. Anhand einiger Anzeichen lässt sich schon einige Tage vorher erkennen, dass der Termin näher rückt. Das Weibchen wird unruhig und kriecht oft auch tagsüber ruhelos im Terrarium umher. Die eigentlich eher im mittleren Körperbereich liegende Umfangsvermehrung verschiebt sich in Richtung der Kloake. Bei manchen Tieren verraten auch wehenartige Zuckungen die bevorstehende Geburt. Verläuft alles ohne Komplikationen, geht der gesamte Vorgang recht zügig voran und ist normalerweise innerhalb von ein bis zwei Stunden abgeschlossen. Die Jungtiere befinden sich bei der Geburt in der Regel noch in der transparenten Eihülle. Diese wird mit dem Eizahn, einem sehr kleinen, nach vorn aus dem Kiefer ragenden Zähnchen und durch Streckbewegungen des Schlüpflings zerrissen. Seltener passiert dies bereits im Mutterleib, was den Eindruck eines Lebendgebärens natürlich verstärkt. Nachdem sich die Jungtie-

WUSSTEN SIE SCHON?

Viele Reptilien, insbesondere Tiere aus nördlicheren oder höher gelegenen, kühleren Verbreitungsgebieten, legen keine Eier, sondern bringen vollentwickelte Junge zur Welt. Dabei besteht allerdings nicht wie bei Säugetieren eine direkte Verbindung zwischen dem Embryo und dem Muttertier, die Eier werden vielmehr im Körper zurückbehalten und dort „inkubiert“. Das heißt, das Jungtier muss mit den im Ei vorhandenen Nährstoffen auskommen und kann nicht am Stoffwechsel der Mutter partizipieren. Die Jungen „schlüpfen“ dann unmittelbar vor, während oder nach der Eiablage, die dann wie eine Geburt wirkt. Die Vorteile dieser Strategie liegen auf der Hand. Zum einen entfällt die kritische Inkubationsphase, während der die Gelege ja zahlreichen Fressfeinden zum Opfer fallen könnten, zum anderen kann das Muttertier in klimatisch ungünstigen Situationen durch aktive Thermoregulation die Entwicklung der Jungtiere positiv beeinflussen. Nachteilig wirken sich gegebenenfalls die durch den erhöhten Leibesumfang eingeschränkte Bewegungsmöglichkeit bzw. die damit verbundene höhere Wahrscheinlichkeit aus, Opfer eines Beutegreifers zu werden. Interessanterweise zeigt eine nahe Verwandte der Ostafrikanischen Sandboa, die Sahara-Sandboa (*G. muelleri*) eine Übergangsform von der Oviparie zur Ovoviviparie. Die Weibchen legen schwach beschalte Eier mit sehr weit entwickelten Jungtieren, die bereits ca. zwei Wochen nach der Eiablage schlüpfen (T. Wilms, pers. Mittlg.).

re aus ihren Eihüllen befreit und von der Anstrengung erholt haben, verteilen sie sich im Terrarium und verschwinden im Sand. Schwächliche Tiere schaffen es unter Umständen nicht, die Eihülle zu verlassen und ersticken darin. Ist man bei der Geburt dabei oder findet man solche Tiere rechtzeitig, kann man durchaus „Schlupfhilfe“ leisten. Zwar handelt es sich bei diesen Individuen oftmals um Kümmerlinge, die ohnehin aufgrund irgendwelcher Defekte nicht überlebensfähig wären, es sind aber auch immer wieder augenscheinlich gesunde Tiere dabei, die ihren selbstständig „geschlüpften“ Geschwistern in nichts nachstehen.

Meist besteht ein Wurf nicht ausschließlich aus gesunden Jungtieren. Neben seltener auftretenden tot geborenen, evtl. deformierten oder unterentwickelten Tieren sind häufig sogenannte Wachseier zu finden. Bei diesen gelben, oft verhärteten Klumpen handelt es sich um unbefruchtete Eier. Manche Riesenschlangen wie z. B. *Corallus hortulanus* oder *Epicrates cenchria cenchria* (eig. Beob.) fressen diese Eier unmittelbar nach der Geburt auf.

Die Weibchen sollten während des Geburtsvorganges möglichst

nicht gestört werden. Erst nachdem dieser offensichtlich beendet ist, werden die Jungtiere geborgen. Es empfiehlt sich bei dieser Gelegenheit, eine Komplettreinigung des Terrariums vorzunehmen. Um die kleinen Jungtiere alle zu finden, muss ohnehin der gesamte Bodengrund durchsucht und entfernt werden.

Der größte Wurf unseres Weibchens bestand bislang aus 21 lebenden Jungtieren, wobei dieser Wert mit Sicherheit am oberen Limit des Möglichen liegt. Die Länge der Neugeborenen schwankt zwischen 15 und 19 cm (Spawls et al. 2008).

Ein bis zwei Tage später sollte dem geschwächten Weibchen wieder Futter angeboten werden, welches normalerweise auch gierig genommen wird. In der Folgezeit wird verstärkt gefüttert, um den Tieren die Möglichkeit zu geben, ihre Reserven wieder aufzufüllen.

Der ganze Wurf auf einen Blick. Die größeren Klumpen sind mit Sand verklebte unbefruchtete Eier, sogenannte Wachseier. Foto: S. Arth

Unterbringung, Fütterung und weitere Aufzucht der Jungtiere

NACHDEM alle Jungtiere abgesetzt wurden, werden sie aus dem Terrarium entnommen und einzeln untergebracht. Genau wie für die adulten Tiere kommen hierzu die verschiedensten Behältnisse infrage. Nach unseren Erfahrungen eignen sich besonders die im Zoofachhandel erhältlichen Kunststoffterrarien mit den entsprechenden perforierten Deckeln. Glasaquarien mit ausbruchssicherer Abdeckung, andere Kunststoffdosen oder kleinste Glasterrarien kommen aber ebenso infrage. Behälter mit 20 cm Kantenlänge sind für die ersten Monate absolut ausreichend. Die meisten jungen Schlangen entwickeln sich unter eher beengten Verhältnissen weit besser als in größer dimensionierten Terrarien. Bei gesunden, normal entwickelten Jungtieren ist die Bauchdecke bereits geschlossen. Allenfalls findet sich noch ein kurzes Stück der Nabelschnur, das aber schnell eintrocknet und abfällt. Diese Jungtiere können direkt auf Sand gesetzt werden, der 3–4 cm hoch in die Aufzuchtbehälter eingefüllt wird. Eine kleine Wasserschale und eventuell ein kleines Stück Kork vervollständigen die Einrichtung. Speziell bis zur ersten Häutung sollte die Hälfte des Sandes leicht feucht gehalten werden. Danach stellen trockenere Bedingungen, ähnlich wie bei den adulten Tieren, kein

Problem mehr dar. Es reicht völlig aus, den Bereich um die Wasserschale ein wenig feucht zu halten. Tiere, die noch einen größeren äußeren Dottersack aufweisen, bringt man für 2–3 Tage auf feuchtem Küchenpapier unter. Diesen Tieren muss ein Versteck, z. B. ein kleiner umgedrehter Kunststoff-Blumentopfuntersetzer, angeboten werden, da sie sich ja nicht in den Sand eingraben können. Das Papier muss täglich erneuert werden, um Infektionen vorzubeugen. Wird der Dotter resorbiert, trocknet die Nabelschnur ein und fällt ab. Zeigt sich über zwei Tage keine Veränderung, wird der Dotterrest mit einer scharfen Schere abgetrennt und die Bauchöffnung mit einer antibiotischen Salbe behandelt. Nachdem die Wunde

Unmittelbar nach der Geburt verteilen sich die Jungtiere im Terrarium Foto: S. Arth

verschlossen ist, können auch diese Tiere auf Sand gesetzt werden. Auf die Jungtiere, die ihren Dottervorrat nicht mehr verstoffwechseln konnten, muss besonderes Augenmerk gelegt werden. Bei diesen – durch die entgangene Nährstoffzufuhr gegenüber ihren Geschwistern meist schwächeren Tieren – sollte man bei einer Verweigerung der Nahrungsaufnahme eher über eine Zwangsernährung (siehe unten) nachdenken als bei normal entwickelten Jungtieren.

Die Beheizung der Behälter erfolgt von unten. Hierzu stellen wir die von uns verwendeten Plastikterrarien auf ein schwaches Heizkabel und erwärmen so in etwa die Hälfte der Bodenfläche auf bis zu 35 °C. Die andere Hälfte sollte etwas unter 30 °C warm sein.

Unter diesen Bedingungen häuten sich die Jungtiere nach ungefähr neun Tagen erstmalig. Erst jetzt erfolgen die ersten Fütterungsversuche. Hierzu benötigt man kleinste, am besten erst wenige Stunden alte, lebende Mäusebabys, die einfach abends in den Behälter gelegt werden. Es empfiehlt sich, das Wassergefäß zu entfernen, da es schon vorkam, dass die hilflosen Nager darin ertrunken sind. Im Laufe der Nacht werden die Futtertiere in den meisten Fällen gefressen. Auf jeden Fall sollten bei den ersten Versuchen jegliche Störungen wie z. B. Erschütterungen oder das Einschalten der Zimmerbeleuchtung vermieden werden. Bei Futterverweigerern versucht man es nach 2–3 Tagen erneut.

Eine Fütterung mithilfe einer Fut-

Ein wenige Stunden altes Jungtier beobachtet die Umgebung Foto: S. Arth

Jungtiere wirken vor der ersten Häutung oft blass Foto: S. Arth

Neugeborenes im Größenvergleich mit einer Ein-Euro-Münze Foto: S. Arth

Nach der ersten Häutung sind die Jungtiere bereits in der Lage, kleinste Mäusebabys zu bewältigen

Das Mäusebaby wird gepackt ...

terpinzette funktioniert in dem Alter normalerweise nicht und verursacht lediglich unnötigen Stress.

Erst wenn ein Tier längere Zeit absolut kein Interesse an dem angebotenen Futter zeigt, sollte man über eine Zwangsfütterung nachdenken. Der richtige Zeitpunkt hierfür lässt sich allerdings nur schwer bestimmen. Beginnt man zu früh, nimmt man den Tieren die Chance, das angebotene Futter von selbst anzunehmen. Wartet man zu lange, sind die Tiere unter Umständen bereits zu geschwächt, um die anstrengende Prozedur zu überstehen. Der Zeitpunkt hängt natürlich auch stark von der Konstitution des Individuums ab. Leider gestaltet sich die Zwangsfütterung bei Sandboas aufgrund des kleinen Kopfes eher schwierig. Nackte Mäuse, die die Tiere bei einer freiwilligen Nahrungsaufnahme bewältigen können, sind hierfür zu groß. Geeigneter sind Mäuseschwänze, die leicht von gefrorenen adulten Mäusen abgetrennt werden können. Zur Zwangsfütterung nimmt man den Kopf der Schlange vorsichtig zwischen Daumen, Mittel- und Zeigefinger. Nun versucht man, das Maul des Tieres zu öffnen. Lange Fingernägel oder ähnliche „weiche" Hebel sind hierfür geeignet. Ist das Maul erst einmal offen, beginnt man langsam und vorsichtig, den Mäuseschwanz mit dem Fellstrich hineinzuschieben. Es hat sich bewährt, das Futter vorher mit Hilfe von Speiseöl gleitfähig zu machen. Beim Einführen sollte man sich an der Oberseite der Maulhöhle, also am Gaumen bewegen, um nicht versehentlich in die Luftröhre zu gelangen. Die ganze Prozedur sollte langsam und bedacht erfolgen, andererseits aber auch nicht unnötig lange andauern, um den Stress für

... und durch Umschlingen erwürgt
Fotos: S. Arth

Danach suchen die Tiere gezielt den Kopf der Maus ...

... und beginnen, die Beute zu verschlingen

Nach wenigen Minuten ist die Maus komplett verschlungen. Die anhaftenden kleinen Sandkörner sind für die Schlange ungefährlich. Fotos: S. Arth

die Tiere zu minimieren. Am besten lässt man sich die Handgriffe von einem erfahrenen Terrarianer zeigen.

Die Aufzucht selbstständig fressender Jungtiere gestaltet sich unkompliziert. Wöchentlich werden Futtertiere der entsprechenden Größe angeboten. Während man bei den ersten Fütterungen noch auf sehr kleine Mäusebabys zurückgreifen muss, können dann mit zunehmendem Wachstum 3–4 Tage alte „Speckmäuse" und später Springer gereicht werden. Im Laufe der Zeit werden die kleinen Sandboas ruhiger und nehmen auch bereitwillig von der Pinzette gereichte Beute an. Bis zur Geschlechtsreife fressen beide Geschlechter gleich gut und sollten auch entsprechend Nahrung erhalten.

Mit zunehmendem Wachstum müssen den Tieren natürlich größere Terrarien zur Verfügung gestellt werden.

Jungtiere, die selbstständig von der Pinzette fressen oder aber sich zur Fütterung in ein separates Behältnis umsetzen lassen (siehe „Fütterung"), können auch mit allen damit verbundenen Nachteilen (siehe „Vergesellschaftung") zusammen aufgezogen werden.

Krankheiten

GLÜCKlicherweise handelt es sich bei den Ostafrikanischen Sandboas um außerordentlich robuste und langlebige Pfleglinge. Dennoch gilt natürlich auch hier, dass optimale Haltungsbedingungen und eine fachgerechte Pflege die Voraussetzungen für die Gesunderhaltung der Tiere darstellen. Durch genaues Beobachten der Schlangen in ihrem Verhalten kann man Veränderungen und so auch eventuelle Gesundheitsprobleme rechtzeitig erkennen und dann schnell und gezielt behandeln. Apathie, Nahrungsverweigerung, Häutungsschwierigkeiten, Atemgeräusche oder breiiger, übelriechender Kot deuten auf Probleme hin. Wir warnen an dieser Stelle unbedingt vor Experimenten mit der Hausapotheke. Nur wenige Krankheiten lassen sich ohne professionelle Hilfe selbst erfolgreich behandeln. Aus-

Danksagung

NATÜRLICH gilt unser Dank allen, die zum Gelingen dieses Buches beigetragen haben.

Thomas Wilms gebührt Dank für die Bereitstellung von Literatur und die fachliche Diskussion der entsprechenden Arbeiten.

Im Besonderen sollen an dieser Stelle Anita und Hein Baus erwähnt werden, ohne deren tägliche Hilfe bei der Pflege unserer Tiere wir dieses Hobby nicht in dem Maße betreiben könnten.

Nicht zuletzt danken wir auch unseren besten Freunden Patrick Schönecker und Stefanie Bach, die uns durch ihre ansteckende Begeisterung für die Terraristik ständig motivieren, unsere Kenntnisse zu erweitern und unsere Erfahrungen niederzuschreiben.

***Gongylophis-colubrinus*-Weibchen** Foto: L. Bar

schließlich durch exakte Dosierung und Anwendung bringen Medikamente auch den gewünschten Erfolg. Es ist daher wichtig, sich schon im Vorfeld um die Adresse eines reptilienerfahrenen Tierarztes zu kümmern, um bei einem wirklichen Notfall nicht noch zeitraubende Recherchen anstellen zu müssen. Allerdings ist es nicht einfach, einen solchen zu finden, nur die wenigsten Veterinärmediziner stehen dazu, dass sie wenig bis nichts von der Behandlung von Reptilien verstehen. Auf der Internetseite der DGHT (siehe „Weitere Informationen") findet sich eine Übersicht fachkundiger Tierärzte.

Bitte beachten Sie, dass Gesundheitsprobleme in vielen Fällen durch Haltungsfehler entstehen. Bei ersten Anzeichen einer Krankheit sollten daher auch immer die Haltungsbedingungen überprüft werden.

MIT den im vorliegenden Buch enthaltenen Informationen wollen wir Ihnen einen ersten Einblick in die Haltung und Zucht von *Gongylophis colubrinus* verschaffen. Das Wissen um die tiergerechte Unterbringung und Nachzucht unserer Pfleglinge wächst jedoch ständig. Der interessierte Terrarianer sollte daher immer um die Erweiterung seines Wissens durch das Lesen von Fachliteratur und dem Austausch mit Gleichgesinnten bemüht sein.

Artenschutzfragen

Bundesamt für Naturschutz; Artenschutzvollzug
Konstantinstr. 110; 53179 Bonn; Tel.: 0228-8491-1311;
E-Mail: citesma@bfn.de; www.bfn.de

Untersuchungsstellen

Kotproben, Sektionen und andere Untersuchungen können von spezialisierten Tierärzten oder von veterinärmedizinischen Untersuchungsstellen, die es in vielen Städten gibt, vorgenommen werden. Eine Liste mit Tierärzten, die sich mit Reptilien und Amphibien beschäftigen, kann über die DGHT bezogen oder auf www.dght.de eingesehen werden.
Überregional bekannt sind z. B. folgende Einrichtungen:

- Exomed
Erich-Kurz-Str. 7
10319 Berlin
Tel.: 030-5112008
E-Mail: labor@exomed.de
www.exomed.de

- Universität München
Institut für Zoologie, Fischereibiologie und Fischkrankheiten der tierärztlichen Fakultät
Kaulbachstr. 37
80539 München
Tel.: 089-2180-2687
E-Mail: office@zoofisch.vetmed.uni-muenchen.de
www.vetmed.lmu.de/zoofisch/

- Chemisches und Veterinäruntersuchungsamt Ostwestfalen-Lippe
Westerfeldstr. 1
32758 Detmold
Tel.: 05231-9119
E-Mail: poststelle@cvua-detmold.nrw.de
www.cvua-owl.nrw.de

- Vet Med Labor GmbH
Mörikestraße 28/3
71636 Ludwigsburg
Tel.: 01802-838633
E-Mail: info@vetmedlabor.de
www.vetmedlabor.de
(für privat nur über Ihren Tierarzt)

Vereine und Interessengruppen

Die Deutsche Gesellschaft für Herpetologie und Terrarienkunde (DGHT; www.dght.de; DGHT e. V., Postfach 1421, 53351 Rheinbach, Tel.: 02225-703333, E-Mail: gs@dght.de) ist mit über 7.000 Mitgliedern die weltweit größte Gesellschaft ihrer Art und bringt Wissenschaftler und Hobbyherpetologen zusammen. Mitglieder erhalten verschiedene herpetologisch/terraristische DGHT-Zeitschriften. Innerhalb der DGHT existiert die AG Schlangen, die sich auch mit Sandboas beschäftigt. Sie gibt die eigene Zeitschrift „ophidia" heraus und veranstaltet jährliche Fachtagungen. Kontakt über die DGHT (www.dght.de).

Auch die „European Snake Society" beschäftigt sich mit der Haltung und Nachzucht von Schlangen. Die von dieser Gesellschaft vier Mal im Jahr herausgegebene Zeitschrift „Litteratura Serpentium" ist in niederländischer und englischer Sprache erhältlich. Kontakt: www.snakesociety.nl

Zeitschriften

- REPTILIA, TERRARIA
Terraristik-Fachmagazine erscheinen je sechs Mal jährlich, mit Internetportal für Kleinanzeigen
Natur und Tier - Verlag GmbH
An der Kleimannbrücke 39/41
48157 Münster
Tel.: 0251-133390
E-Mail: verlag@ms-verlag.de
www.reptilia.de

- DRACO
Terraristik-Themenheft
erscheint vier Mal jährlich
Natur und Tier - Verlag, s. o.

- Sauria
Terraristik und Herpetologie
erscheint vier Mal jährlich
Terrariengemeinschaft Berlin e.V.
Bruno Treu
Gardes-du-Corps-Str. 12
14059 Berlin
E-Mail: abo@sauria.de
www.sauria.de

Eine neugeborene Sandboa erkundet das Terrarium der Mutter Foto: S. Arth

Internet

Grundsätzlich bietet das Internet eine Fülle von Informationen. Dem Laien ist es jedoch nahezu unmöglich, zwischen Verwertbarem und groben Unwahrheiten zu unterscheiden. Daher sind alle im World Wide Web veröffentlichten Berichte mit Vorsicht zu genießen. Auch beim Durchstöbern der verschiedenen Diskussionsforen lassen sich wertvolle Informationen finden. Hier gilt es jedoch, besonders kritisch zu sein. Nicht jeder, der bereitwillig Auskunft gibt, besitzt auch das nötige Hintergrundwissen.

Vereine
- www.dght.de
- www.dght.de/ag/ schlangen/index.html
- www.snakesociety.nl

Online-Kleinanzeigenmarkt
- www.reptilia.de
- www.ta-server.de
- www.reptilienserver.de
- www.terraristik.com

Allgemeine Informationen zu Sandboas
- www.vpi.com
- www.kingsnake.com/ sandboa/sandboa.html

Weiterführende und verwendete Literatur

Bücher

AHL, E. (1933): Zur Kenntnis der afrikanischen Wühlschlangen der Gattung *Eryx*. – Sitzungsberichte der Gesellschaft Naturforschender Freunde zu Berlin, Berlin: 324–326.

AKERET, B. (2008): Pflanzen im Terrarium. – Natur und Tier - Verlag, Münster, 400 S.

ANGEL, F. (1938): Liste des Reptiles de Mauritanie recueillis par la Mission d Etudes de la Biologie des Acridiens en 1936–1937. Description d une sous-espèces nouvelle d *Eryx muelleri*. – Bulletin du Muséum National d Histoire Naturelle, Paris 10(5): 485–487.

BAHA EL DIN, S.M. (2006): A guide to Reptiles and Amphibians of Egypt. – Amer. Univ. Cairo Press, Kairo, 351 S.

BARKER, D. & T. BARKER (1996): Kenyan Sand Boa – A Beautiful Mini-Constrictor. – The Vivarium 7(4): 38–43.

– & – (2009): Kenyan Sandboas, Information and Care. – url: http://www.vpi.com/publications/kenyan_sandboas_information_and_care [Stand: 02.02.2009]

BUNDESAMT FÜR ERNÄHRUNG, LANDWIRTSCHAFT UND FORSTEN (1997): Gutachten über die Mindestanforderungen an die Haltung von Reptilien. – Inhaltlich unveränderte Sonderausgabe der Deutschen Gesellschaft für Herpetologie und Terrarienkunde (DGHT) e.V., Rheinbach.

BUNDESAMT FÜR NATURSCHUTZ (2008): WA Datenbank VIA des BfN. – url: http://217.76.106.34/ cites/Suchmaske.xsql, [Stand 31.03.2008]

DERANIYAGALA, P.E.P. (1951): Some new races of the snakes *Eryx*, *Callophis* and *Echis*. – Spolia Zeylanica, Colombo, 26(2): 147–150.

FLOWER, S.S. (1933): Notes on the recent reptiles and amphibians of Egypt with a list of the species recorded from that kingdom. – Proceedings of the Zoological Society, London, 735–851.

GASPARETTI, J. (1988): Snakes of Arabia. – Fauna of Saudi Arabia, Ryadh, 9: 169–450.

HALLMEN, M. (2005): Crashkurs Kreuzungsgenetik. – REPTILIA 10(5): 23–32.

HENKEL, F.W. & W. SCHMIDT (2003): Terrarien. Bau und Einrichtung. – 3. Aufl., Verlag Eugen Ulmer, Stuttgart, 168 S.

JONES, C. (2004): Zur Haltung und Pflege von Sandboas. – REPTILIA 9(3): 31–34.

LANZA, B. & A. NISTRI (2005): Somali Boidae (genus *Eryx* DAUDIN 1803) and Pythonidae (genus *Python* DAUDIN 1803) (Reptilia Serpentes). – Tropical Zoology 18: 67–136.

LINNAEUS, C. (1758): Systema Naturae. – 10th Edition, Stockholm, 824 S.

LOVERIDGE, A. (1936): Scientific results of an expedition to rain forest regions in Eastern Africa. V. Reptiles. – Bulletin of the Museum of Comparative Zoology, Cambridge, 79: 209–337.

MÜTTERTHIES, C. (2006): Erfahrungen mit dem Eigenbau von Holzterrarien für Reptilien aus Trockengebieten. – DRACO 7(2): 30–37.

NOONAN, B.P. & P.T. CHIPPINDALE (2006): Dispersal and vicariance: The complex evolutionary history of boid snakes. – Molecular Phylogenetics and Evolution 40: 347–358.

ROESSEL, D. (2002): Rechtliche Fragen der Schlangenhaltung. – S. 43–48 in: TRUTNAU, L. (Hrsg.): Ungiftige Schlangen, Schlangen im Terrarium, Band 1. – 4. Aufl., Verlag Eugen Ulmer, Stuttgart.

ROSS, R.A. & G. MARZEC (1994): Riesenschlangen. Zucht und Pflege. – bede Verlag, Ruhmannsfelden, 248 S.

SCHMIDT, D. & K. KUNZ (2005): Ernährung von Schlangen. – Natur und Tier - Verlag, Münster, 159 S.

SCHNEIDER, J.G. (1801): Historiae Amphibiorum naturalis et literarie. – Jena, 374 S.

SCORTECCI, G. (1932): Rettili dello Jemen. – Atti della societa a`italiana di scienze naturali e del museo civico di storia naturale di Milano, 71: 39–49.

SEUFER, H. (2001): Kleine Riesenschlangen – Pflege und Zucht von

Sandboas im Terrarium. – DRACO 2(5): 56–67.

SORENSEN, D. (1987): The genus *Eryx*. – Chicago herpetological Society Bulletin 23(2): 21–25.

SPAWLS, S., K.M. HOWELL, R. DREWES & J. ASHE (2008): A fieldguide to reptiles of East Africa. – Academic Press, London, 543 S.

STULL, O.G. (1932): Five new subspecies of the family Boidae. – Occasional Papers of the Boston Society of Natural History 8: 25–29.

TOKAR, A.A. (1989): The revision of genus *Eryx* (Serpentes: Boidae), osteological evidence. – Vestnik Zoologii, Kiev 4: 46–55.

– (1995): Taxonomic revision of the genus *Gongylophis* WAGLER, 1930: *G. conicus* (SCHNEIDER, 1801) and *G. muelleri* BOULENGER, 1892 (Serpentes Boidae). – Tropical Zoology 8: 347–360.

– (1996): Taxonomic revision of the genus *Gongylophis* WAGLER, 1830: *G. colubrinus* (LINNAEUS, 1758) (Serpentes Boidae). – Tropical Zoology 9: 1–17.

WALLS, J.G. (1989): The living Boas – A complete Guide to the Boas of the World. – T.F.H. Publications, New York, 288 S.

WILMS, T. (2004): Terrarieneinrichtung. Grundlagen, Materialien, Methoden. – Natur und Tier - Verlag, Münster, 127 S.

– & B. LÖHR (2006): Kleinsäuger als Futtertiere – am Beispiel der Hausmaus (*Mus musculus*). – DRACO 7(4): 74–80.

Bei amelanistischen Tieren fehlt das dunkle Pigment
Foto: S. Arth